Die weisse Pyramide III

Wissenschaft und Forschung

Autoren / Cover / Bilder

Dirk L. Feiler & Tanja M. Feiler

Die Autoren

Die Cuties

Viele Frauen

DIE PYRAMIDE

DIE INNENEINRICHTUNG

Wissenschaft und Forschung zum Thema:

Ein Mann lebt mit seiner Ehefrau, the 4 Cuties - Freundinnen und vielen Frauen zusammen in einer Pyramide.

DIE AUTORIN, THERAPEUTIN UND EHEFRAU INFORMIERT:

ES HANDELT SICH NOCH UM EIN THEORETISCHES KONSTRUKT. DER ERSTE TEIL DER WEISSEN PYRAMIDE KONZENTRIERT SICH AUF DIE TECHNISCHE REALISIERUNG. DER AUTOR BESCHREIBT DETAILIERT, WIE ES IN DER PYRAMIDE AUSSEHEN WIRD UND STELLT TECHNISCHE INOVATIONEN VOR, ERGEBNISSE VON JAHRELANGER FORSCHUNG. DER ZWEITE TEIL PSYCHOLOGISCHE

Sexualberatung aus autobiographischer Perspektive für Ehepaare - Ratgeber im lebenspraktischen Bereich.

Cuties 3000 Freundinnen haben wir, das weibliche Kollektiv versprüht Energie, und ich (die Autorin) hab Cuties entdecht, süsse niedliche Girls, zum Knuddeln. Das inspirierte mich zu dem Buch The 4 Cuties - Freundinnen aus dem dann 10 Teile wurden. Ein Ratgeber für Ehepaare auf autobiographischem und wissenschaftlichen Backround.

THE 3 CUTIESONGS

THE CUTIESONG

THE 4 CUTIES

ARE THE BEST

FRIENDS YES

THEY RUNNING IN THE LAND

HAND IN HAND

HAND IN HAND

RUNNING IN THE LAND

THE 4 CUTIES ARE THE BEST

The new Cutiesong

Sing the Cutiesong

All time long

Yes with Yeppa say
Jaaa

Cuties on the world

Singing a word

With the song

All time long

Sing the Cutiesong

All time long Yes with
Yeppa say Jaaa

WHERE ARE THE CUTIES?

BEGINNING WITH ONE

3000 GIRLS WITH FUN

CUTIES EVERYWHERE

ARE THERE

WO SIND DIE CUTIES

SIE SIND LUCKY

EVERYBODY CAN DO

WHAT TO DO

IN HIS OWN HOUSE

Wo sind die Cuties

sie sind Lucky

Understanding or not

they are hot

all sisters by me

cuties I see

...TO BE CONTINUED

www.ingramcontent.com/pod-product-compliance
Lightning Source LLC
Chambersburg PA
CBHW041620180526
45159CB00002BC/943